# FROZEN

超级科学+系列

# 天文奇妙夜

青橙/编著　却俊/译

華東理工大學出版社
EAST CHINA UNIVERSITY OF SCIENCE AND TECHNOLOGY PRESS
·上海·

## 剧情回顾

风景如画的阿伦黛尔王国生活着两位美丽的公主，艾莎和安娜。姐姐艾莎天生具有制造冰雪的能力，但她的能力有时会失控而伤及无辜。后来，艾莎为了隐藏她的能力，离开了阿伦黛尔王国，并在无意间创造出了可爱的雪宝。此时阿伦黛尔王国因一个魔咒，永久地被冰雪覆盖。为了找到姐姐，也为了让王国恢复往日的美景，妹妹安娜公主、山民克斯托夫和他的驯鹿斯特组队出发，展开了一段拯救王国的历险……

快跟随安娜、艾莎、雪宝、克斯托夫、斯特一起探索天空中的各种神奇现象吧。

当你凝望夜空时，你是否会对我们头顶上的亿万星星充满好奇？你想知道关于行星、彗星、流星的秘密吗？想知道为什么会有白天和黑夜吗？

# 探索前的准备

### ★ 浏览本书封面

- 看看这幅夜空图片，你注意到了什么？
- 阅读书名，找到更多关于本书的线索。
- 根据书名和图片，你觉得可以从本书中学到什么？

| 天外来“词” | |
|---|---|
| 大气层 | 赤道 |
| 极光 | 流星 |
| 彗星 | 导航 |
| 星座 | 公转 |
| 日食和月食 | 苔原 |

### ★ 翻开书看一看

- 是否有插图、照片、表格或示意图？
- 你最感兴趣的话题是什么？
- 每个主题的标题和栏目对你有什么帮助？
- 你是否能在书中找出右边的这些天外来“词”呢？

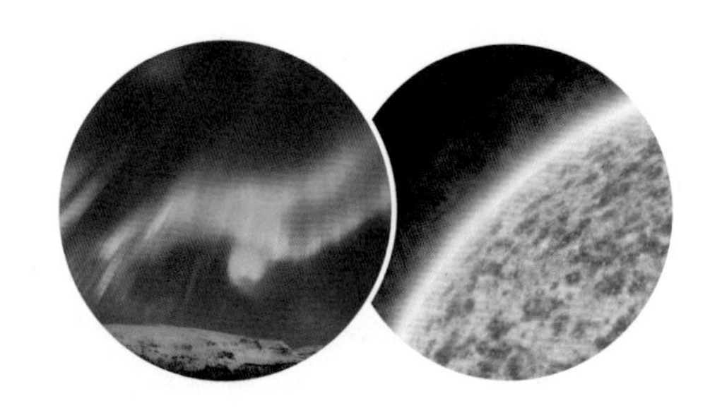

请花几分钟思考一下你了解的关于夜空的知识，并列一份清单，写出夜空中会出现的五种物体。阅读本书时，如果你找到了清单上的物体，就在清单上添加这些物体的相关信息。如果你在阅读时遇到了感兴趣的内容，也可以把它们添加到你的清单中。

# 目录

# 抬头看看夜空

仰望夜空时，你会不会感到十分好奇？雪宝和它的朋友们可好奇了！让我们一起探索夜空中的奇观吧！

## 白天和黑夜

你知道为什么白天会变成黑夜吗？这是因为我们的地球一直在自转。地球每24小时绕地轴自转一周。面向太阳的一面是白天，背对太阳的一面是黑夜。

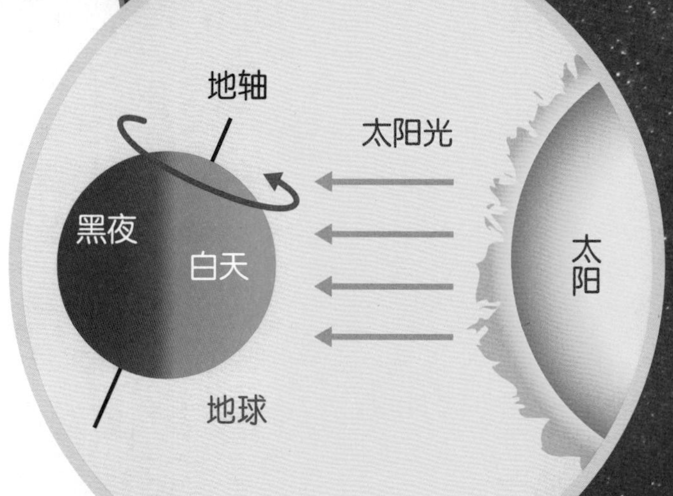

## 天体

天体是指宇宙中的物体。地球、太阳、月亮和星星都是天体。你在白天看到过哪些天体？在夜晚呢？有没有在白天和夜晚都能看到的天体？

## 白天的天空

太阳是离地球最近的恒星。白天，由于太阳的光线太明亮了，我们看不到其他星星，只能看到太阳在天空中闪耀。

## 夜晚的天空

夜晚，我们能看到的天体要比白天能看到的多，我们通常能看到月亮和太阳系外的恒星，有时我们还会看到像金星和木星这样的行星。

# 什么是极光？

小时候的安娜总是对艾莎说：“我睡不着。天还醒着，所以我也醒着！我们得起来玩！”安娜的话是什么意思？让我们来看看吧！

## 极光

是什么让安娜觉得天还醒着？是那照亮黑暗的绚丽色彩！天空发生了什么？原来是一种叫作极光的神奇现象。极光色彩缤纷，形态万千。有时我们很难看到它，有时它又会照亮整片天空。

# 北极光和南极光

在地球北极看到的极光被称为北极光。你越往北走，就越有机会看到这些五颜六色的光。当然，在南极也可以看到极光，我们称之为南极光。北极光和南极光都是极光。总之，你离赤道越远，就越可能看到极光！

北极光

赤道

南极光

安娜和艾莎在城堡里玩耍。城堡外，极光在夜空中舞动。阿伦黛尔真是个神奇的地方！

# 极光是怎么形成的？

小时候，安娜和艾莎跟着父母一起去旅行，他们登上山顶观赏北极光。艾莎施展魔法将雪花变成了一架天梯，姐妹俩感觉伸手就能够到绚丽的夜空。

## 太阳的能量

绚丽多彩的极光是如何形成的呢？我们可以从太阳出发，寻找答案。太阳是一颗充满能量的恒星，它的能量传递到地球，带给我们光和热。太阳的部分能量来自一种被称为电子的微粒。

# 大气层

地球被大气层所覆盖。大气层是一层稀薄的气体，包含氮气和氧气等。这些气体组成了我们呼吸的空气。外太空没有空气，地球的大气层使我们能够在这里生存下去！

# 火花闪烁！

来自太阳的电子撞击到大气层中的气体，两者碰撞的一瞬间可能产生火花，一闪一闪绽放光彩。晴朗的夜空中一旦发生许多这样的碰撞，便形成了绚丽的极光！

# 极光的颜色和形态

你只要亲眼见过一次极光，你就永远不会忘记它。雪宝在艾莎用魔法创造它的那天晚上，看到了极光！荧荧绿光闪烁摇摆，笼罩了整片天空。多么壮观啊！

## 色彩缤纷

极光有不同的颜色，这取决于大气中的哪种气体受到了来自太阳的电子的撞击。电子与氧气碰撞时，通常会发出绿光，这就是极光最常见的颜色；偶尔也会产生红光。而与氮气碰撞时通常会发出蓝光。不同颜色的光也可能混合在一起，这就是为什么我们有时会看到紫色、白色甚至粉色的极光。

射线状极光

带状极光

冕状极光

## 形态各异

极光也会以不同的形态出现。它们飘荡、跃动、闪烁，形成一道道光迹。有些极光看起来像飘舞的帷幔，有些像朦胧的雾团，有些像起伏的波浪。科学家们给不同形态的极光起了不同的名字，比如射线状极光、带状极光、冕（miǎn）状极光。为什么它们彼此之间的形态差别那么大？科学家们也还没弄清楚，这可能与电子撞击大气层的方式有关。但有一点不用怀疑：极光漂亮极了！

# 关于极光的传说

许多人类文明都曾编织出不同的故事来解释极光这一现象。雪宝对这些故事十分好奇。你也感兴趣吗？让我们一起来了解这些故事吧！

在美丽的阿伦黛尔，克斯托夫的好朋友——地精们，拥有一种神奇的水晶，它会发出特殊的光芒。有时候水晶会变暗，所以必须在极光消失之前给水晶补充能量！

## 狐狸之火

在芬兰，有一个关于极光的传说。据说，这种光是由一只火狐狸发出来的。这只狐狸在雪地里穿行，奔向遥远的北极，它的尾巴一甩，便火光四溅，直冲云霄。这就是为什么芬兰人称极光为“狐狸之火”。

## 女武神

挪威流传着许多有关女性神灵的神话，她们被称为女武神。据说，女武神主要负责安抚将士们的英灵。人们认为，极光就是女武神的盔甲和盾牌反射出来的光。

## 鲱鱼闪光

在古代的瑞典，极光被称为“鲱鱼闪光”。鲱鱼是一种有着绚丽鳞片的小鱼。人们认为极光是这些海里游动的鱼所反射的光，看到鲱鱼闪光意味着即将捕获很多的鱼。

# 关于极光的科学探索

从古老的传说到科学的探索，人们花了很长时间才明白极光的原理。当然，还有更多的问题等待着我们去探索！现在，我们先来了解一下科学家们是怎样一步一步认识极光的吧。

## 地球磁场

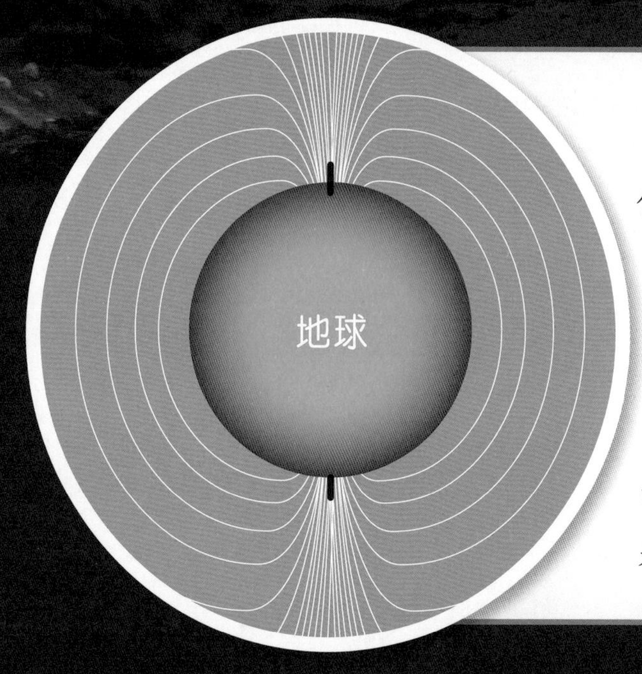


很久以前，科学家们便知道地球是一块巨大的磁铁。地球的磁场影响着我们周围的一切。科学家们也慢慢意识到，磁场与极光有关。他们的推测是对的！地极磁场的能量吸引着来自太阳的电子。

## 寻找规律

多年来，科学家们一直在研究极光，他们花费大量时间观察、倾听和记录，试图寻找其中的规律。当一个现象反复出现时，规律能让我们能更好地了解这个现象。但是，科学家们很难将极光研究透彻，因为它变幻莫测。

## 仔细观测

后来，人们发明了望远镜，它可以使遥远的物体看起来更大、更清晰。在过去的两百年间，望远镜的功能变得越来越强大。如今，科学家们甚至在太空中架设了望远镜！这些望远镜观测到的图像一定会让安娜和艾莎那个时代的科学家们大吃一惊。

哈勃空间望远镜

# 去哪儿看极光？

极光是安娜、艾莎和雪宝最特别的记忆。那么问题来了，去哪儿才能看到美丽的极光呢？

## 我要去看北极光！

我们去哪儿才能看到地球上的北极光？瑞典、挪威和芬兰等北欧国家是寻找北极光的好地方。阿拉斯加和加拿大北部也有不错的北极光，你也可以去格陵兰岛、冰岛或俄罗斯北部碰碰运气。你离北极越近，就越容易看到北极光。

## 我要去看南极光！

在新西兰、澳大利亚、南美洲和南极洲都能看到南极光。就像北极光一样，你离南极越近，看到南极光的机会就越大！

赤道

## 在中国可以看到极光吗？

极光在我国所处的纬度范围内比较罕见。即使是在我国最北端的黑龙江省漠河市，也只有当北极光强度特别高时，你才有可能一睹北极光的风采。

# 什么时间可以看到极光？

安娜、艾莎和朋友们非常喜欢观赏北极光。观赏极光既要选择对的地点，也要选择好的时机！我们一起了解一下观赏北极光的最佳时间吧。

## 一天中的最佳观赏时间

只有天黑了才能看到北极光，否则它会被明亮的阳光遮住。在北极地区，冬天天黑得很早。观赏极光的最佳时间是晚上9点半到凌晨1点半之间。没错，就得这么晚！

## 一年中的最佳观赏时间

冬天是观赏北极光的最佳季节。这是为什么呢？因为冬天太阳落得早，升得晚。漆黑而漫长的冬夜让我们能更容易地观赏到北极光。你知道吗？在北欧的一些地区，下午4点就能看到北极光了！

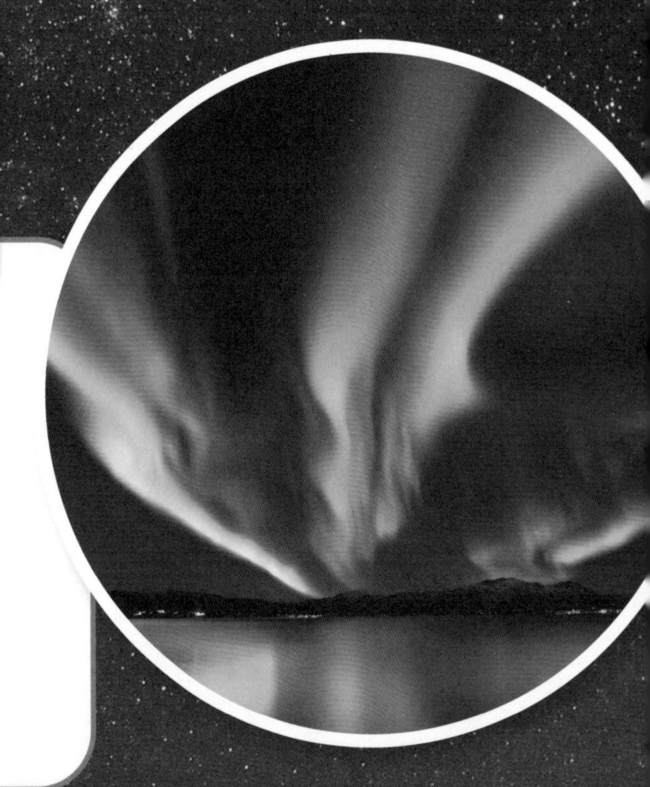

## 太阳周期

太阳和地球一样，也有磁场。每隔11年，太阳的磁场活动就会非常频繁，我们将这一年称为太阳活动峰年，这一年太阳的能量很高。在太阳活动峰年的前后两年内，极光会非常活跃，是观赏的好时机。

阿伦黛尔是一个美丽的王国，城堡与小镇的周围环绕着峡湾、森林和山脉。但是到了冬天，阿伦黛尔会变得非常寒冷，因为它的大部分地区位于苔原地带。你知道什么是苔原吗？

## 苔原地带

苔原地带大部分位于北冰洋沿岸，那里的冬天漫长，而夏天很短。也有一些苔原位于高山区。这张图上显示的就是苔原地带的自然风貌。

# 人类

尽管北极地区人烟稀少，但有一群人已经在这里生活了数千年，他们被称为萨米人，居住在挪威、瑞典、芬兰和俄罗斯的部分地区，世代以捕鱼和放牧驯鹿为生。

# 动物

许多动物生活在苔原上，比如猫头鹰、狐狸、狼和驯鹿。狐狸和驯鹿的皮毛很厚，可以御寒。北极狼爪子上的皮毛使它们能更好地在结冰的地面上行走。有些动物，比如西伯利亚雪橇犬，还能帮助人们出行。这些犬类非常强壮，可以长时间地拉雪橇。

# 植物

什么样的植物生长在苔原上呢？答案是那些低矮的植物！苔原地带不但极其寒冷，而且经常狂风大作，高大的植物很难存活，但是像苔藓和灌木这样的小型植物可以顽强地生存下去！

# 季节的形成

你知道雪宝最喜欢哪个季节吗？是夏季！为什么一年中会有不同的季节呢？请继续阅读，找出答案吧！

## 倾斜的地球

我们之所以会经历不同的季节，是因为地球是倾斜的。地球的倾斜度会影响太阳照射到地球不同部分的能量。以北半球为例，当那里更靠近太阳时，那里会更暖和，如此一来就形成了夏季；当那里离太阳较远时，那里的温度较低，就形成了冬季。一年之中还有秋季和春季。

# 南北半球与季节

世界各地的冬天并不是同时开始的。地球的南半球和北半球有着相反的季节，北半球在夏季时，南半球却在冬季。

# 季节性气候

你注意到季节更替时的气候变化了吗？冬季往往寒冷多雪，而夏季时常烈日炎炎；春季可能温暖多雨，而秋季一般凉爽多风。这些变化与地球的倾斜度和地球绕太阳公转的轨迹有关。

# 适应气候的穿着

当外面很冷的时候，保暖是很重要的！最佳的保暖方法就是将尽可能多的皮肤覆盖起来。穿上夹克，戴上手套、围巾和帽子有助于保暖。有一次，艾莎在夏季制造了一场暴风雪，安娜赶紧跑到奥肯的商店里买了暖和的衣服。你可以指出她身上所有能帮助她保暖的物品吗？

# 白昼与黑夜

安娜、艾莎和朋友们喜欢去探险！他们并不是只在白天进行探险活动，他们有时也会在晚上外出。你对白天和黑夜了解多少？

## 极昼

距离极点越近，地球的倾斜角带来的影响就越明显。在北极地区的夏季，太阳长挂空中，即便到了午夜都不会完全落下，这就是极昼。南极的夏天也是如此。

## 极夜

在北极地区的冬天，情况恰恰相反！太阳的高度很低，我们迎来漫长的黑夜，这种现象被称为极夜。然而在赤道附近，地球的倾斜角带来的影响就小得多了——太阳一年到头高高挂在天空中，全年都很暖和，日出和日落的时间变化也不大。

## 冬至、夏至、春分、秋分

春分（3月）
夏至（6月）
太阳
冬至（12月）
秋分（9月）

许多国家都将夏至作为夏季的第一天，这也是一年中白昼最长的一天！与此相对，冬至是一年中白昼最短的一天，在许多地方，它标志着冬季的第一天。另外，春天和秋天都会出现白昼和黑夜一样长的日子，这一天被称为春分或秋分，“分”就是昼夜平分的意思。

# 太阳和星系

在晴朗的夜晚，我们可以看到天空中的点点繁星。然而在白天，我们通常只能看到太阳。雪宝喜欢温暖的阳光，你呢？下面我们一起来了解一下太阳和星系吧。

## 恒星是什么？

恒星到底是什么？它们是巨大而炽热的气体球，所产生的大量能量以光和热的形式传播出去。恒星的寿命很长，有的甚至可以存活数十亿年。它们大小不同，颜色各异。温度最低的恒星是红色的，温度最高的恒星是白色或蓝色的。不过，对于我们人类来说，即便是温度最低的恒星也很热。

## 太阳

太阳是离地球最近的恒星。地球绕太阳公转，公转一周需要一年。下面这些关于太阳的事实可能会让你大吃一惊：太阳距离我们约1.5亿千米，它已经存在了45亿年。太阳的中心温度约为1500万摄氏度。哇，真的太热了！

## 星系

由无数恒星和星际物质组成的天体系统被称为星系。星系中的恒星通常围绕星系中心旋转，就像地球围绕太阳旋转一样。许多星系是螺旋状的。

## 银河系

我们处在一个叫作银河系的螺旋星系中。银河系中至少有1000亿颗恒星。太阳绕银河系中心公转一周需要2亿多年。我们从地球上看，银河系就像一条横跨天空的银白色系带，这就是为什么古人称它为银河。

# 利用星星导航

航海是阿伦黛尔的一大传统。在地图和指南针的帮助下，人们可以从一个地方航行到另一个地方。但你知道星星也可以帮助水手导航吗？让我们来看看吧！

## 北极星

许多水手利用北极星来导航。导航的作用是弄清你在哪里以及你想去哪里。北极星是北极上空的一颗亮星，北半球的人们时常能看到它。随着地球的旋转，其他星星在天空中的位置会不断移动，但北极星几乎保持在原地。左边这张照片是花了好几个小时拍摄的延时照片，你能找到北极星在哪儿吗？

# 星座

星座是天空中构成某种特殊形状的一组恒星。历史上，很多探险者都是通过星座来导航的。许多星座以动物命名，有些则以人物或神话中的生物命名。你听说过北斗七星吗？它是大熊座的一部分。北斗七星末端的两颗恒星正对着北极星。而北极星又是小熊座的一部分。

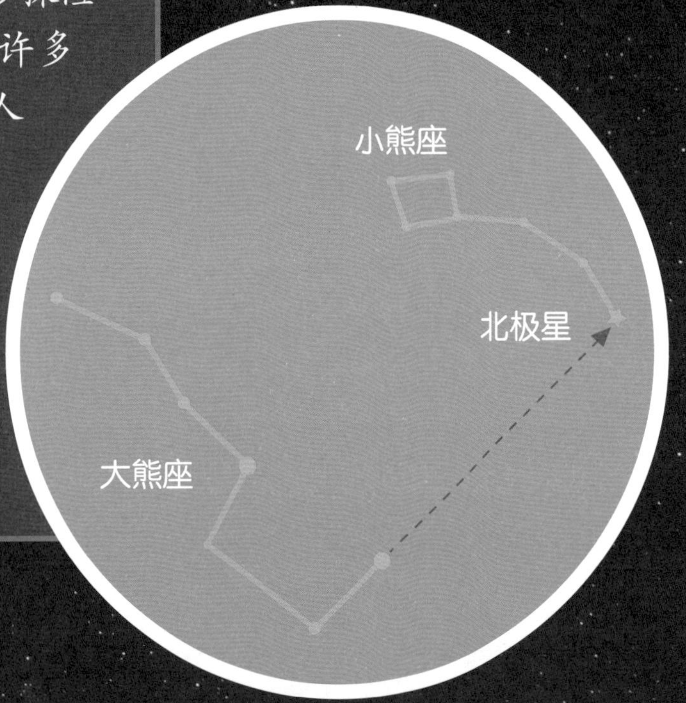

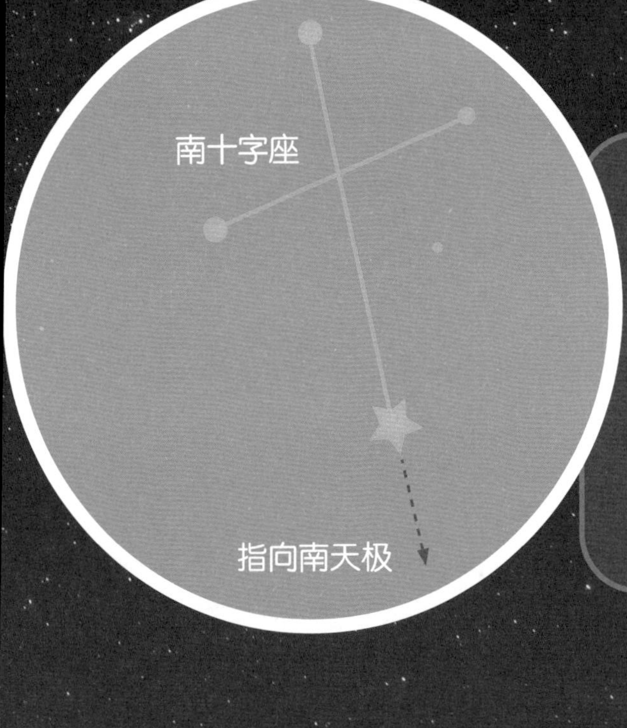

# 南十字座

北极星只能在北半球看到。如果你在南半球，那么该如何导航呢？南半球的旅行者们都用南十字座来导航。南十字座的长端指向南天极，南天极正对着的方向就是南极点。

# 探索行星

雪宝住在阿伦黛尔，它特别想了解关于家乡的一切。你对你的家乡、你的国家、你的星球了解多少呢？

土星

海王星

行星是什么？行星是围绕恒星旋转的巨大天体。我们现在就在一颗行星上！地球是我们所在的星球，它围绕着太阳旋转。有些行星，比如地球，是由岩石和金属内核组成的，另外还有一些行星是由气体组成的，土星就是其中之一。像海王星这样的行星是由气体和冰组成的。

# 太阳系

所有围绕太阳运转的行星都是太阳系的一部分。太阳系共有八颗行星，另外还有一些矮行星。离太阳最近的行星是水星，它绕太阳一周只需88天。离太阳最远的行星是海王星，它绕太阳一周需要165年！至于离太阳距离更远的冥王星，则是一颗矮行星，由于它的体积太小，无法成为太阳系行星家族的一员。

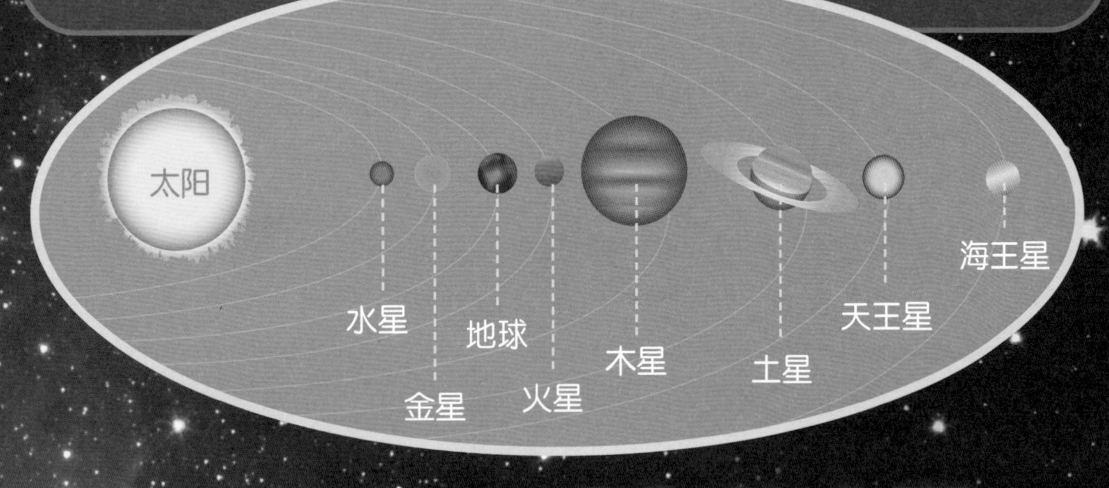


# 我们的家园——地球

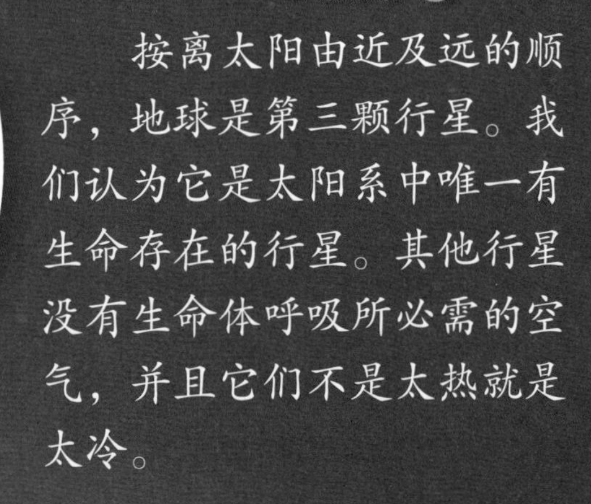

按离太阳由近及远的顺序，地球是第三颗行星。我们认为它是太阳系中唯一有生命存在的行星。其他行星没有生命体呼吸所必需的空气，并且它们不是太热就是太冷。

# 月球

当安娜遇到汉斯王子时，她以为自己找到了真爱。实际上，汉斯是个内心黑暗的家伙。但是，安娜仍然记得他们一起看到的那轮皎洁的圆月。

## 认识月球

卫星是围绕行星运转的星体。一些行星有许多卫星，而我们的地球只有月球这一颗卫星。月球绕地球一周大约需要27天。你注意过天空中月亮形状的变化吗？它有时是圆圆的，有时是半圆的，有时我们根本看不见它！这是怎么回事呢？实际上，这与月球被太阳光照射时所处的位置有关。

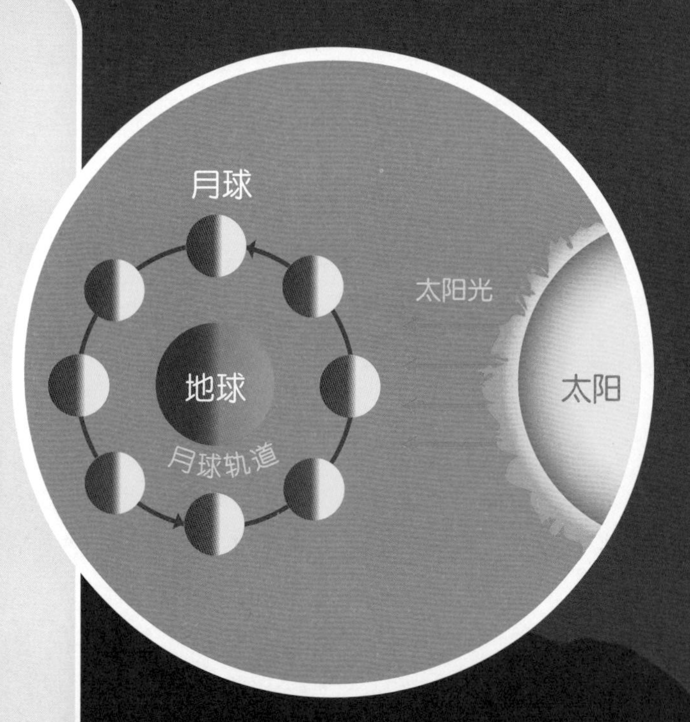

# 月相

我们看到的月亮表面发亮部分的不同形状叫作月相。当地球在月球和太阳的中间时，我们可以看到满月，而当月球在太阳和地球的中间时，我们就看不见月亮了，我们把这个月相称为新月。月相还有蛾眉月、凸月、弦月等，试着自己去观察一下吧！

新月　上蛾眉月　上弦月　渐盈凸月　满月　渐亏凸月　下弦月　下蛾眉月

# 月球背面

你知道吗？我们在地球上看到的总是月球的正面。这是因为月球绕地球公转的速度正好与它自转速度相同。你听说过“月球的阴暗面”这个说法吗？实际上，月球并没有始终黑暗的一面，它的每个部分都能被阳光照到，只是我们无法从地球上看到它的背面。

# 日食和月食

你走到哪儿，它就跟到哪儿的是什么东西？是你的影子！当光线不能穿透物体时，就会形成影子。人有影子，物体有影子，即使雪人也有影子。不信你看看雪宝！

## 什么是“食”？

地球和月球也有影子。当太空中的一个物体运行到另一个物体的阴影中时，会发生什么？答案是“食”！在地球上，我们能看到两种“食”，它们与太阳和月球都有关系。我们来了解一下吧！

## 日食

当月球运行到地球和太阳的中间时，就会发生日食，日食每18个月就会发生一次。当太阳、月球和地球刚好处在一条直线上时，就会发生日全食现象。如果你正好在不错的观测位置，你就会看到太阳变暗了，天空也随之变暗了！日食一般只持续几分钟。日食发生时，千万不要直接用肉眼观测，使用望远镜观测时也必须采用专业镜片，否则你的眼睛会被灼伤。

## 月食

当地球在太阳和月球的中间时，就会发生月食，这时月球在地球的影子中。在月全食发生时，我们仍然可以看到月亮，这是为什么呢？这是因为，一些光在穿过地球的大气层时，传播方向会发生偏折，从而折射到月球上。这些光主要是红色的光，因此，这时，月亮看上去是红色的。

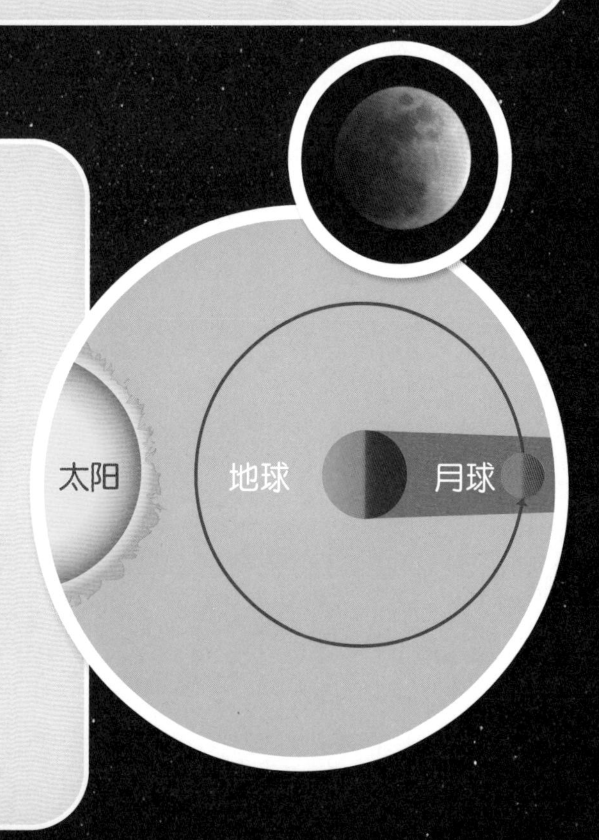

# 彗星和流星

安娜喜欢仰望夜空。夜空中可以看到很多奇妙的东西，有恒星、行星、月亮，还有极光！美丽的夜景让安娜陶醉其中。咦，刚才那颗是流星吗？让我们一起去探索吧！

## 彗星

太空中除了行星、恒星和卫星，还有很多其他的天体。你知道彗星吗？彗星主要由冰构成，它们的体积太小，无法成为行星。和行星一样，彗星也围绕恒星运行。当彗星掠过太阳附近时，我们便可以在天空中看到彗星的尾迹。这条尾迹是冰被太阳加热后变成气体而形成的。

# 流星体、流星和陨石

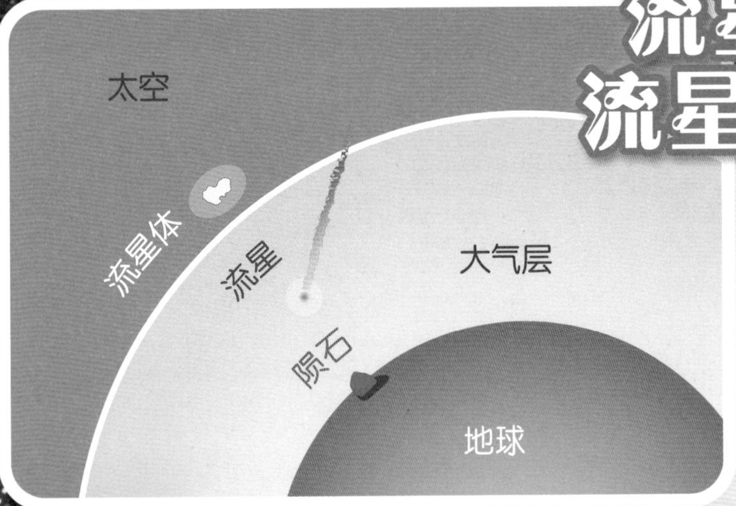

流星体是太空中的细小物体和尘粒。它们有时会撞击地球，与大气摩擦时通常会燃烧并变成尘埃。当它们燃烧时，我们可以看到一道光，这就是流星。有时，流星并没有燃烧殆尽，它们落到地球上便成了陨（yǔn）石。

# 什么是流星雨？

你见过流星雨吗？你知道组成流星雨的物体其实并不都是星星吗？其实，每天都有成千上万颗流星划过地球的上空，只是由于地域或人类视野所限而不能完全看到它们，所以我们觉得流星很罕见。有时地球会经过彗星曾经扫过的区域。彗星的身后有一条尘埃尾迹，当地球穿过这条尾迹时会产生流星雨，我们就能在当天晚上看到很多流星。

# 观星条件

安娜和艾莎非常幸运，因为阿伦黛尔是仰望夜空的好地方，那里群星与极光交相辉映！你是否也想观赏满天的繁星呢？让我们了解一下夜空观星的最佳条件吧！

## 阴天还是晴天？

在多云的夜晚，我们很难看到星星，甚至连月亮都看不见。因此，观星的最佳时间是天气晴朗的夜晚，运气好的话，你还有可能看到一两颗流星呢！

## 光污染

对于观星来说，黑暗的天空与晴朗的天气一样必不可少。天空越黑，能看到的星星就越多！如果你住在城市中，你可能不得不面临光污染。光污染意味着地球上的光太亮，掩盖了星星的光。满月也会影响观星，因为满月的光太亮了，我们很难看清周围的星星。

## 到城外去

你如果远离城市的灯火，就可以在夜空中看到更多星星。在城市里，你也许只能看到十几颗星星，而在远离城市灯光的郊外，你可以看到几千颗星星！观星时间越长，你的眼睛就越习惯黑暗，也就能看到越多的星星。

# 深夜观星

仰望夜空真的很有趣！你瞧，在极光的映照下，克斯托夫为雪宝、安娜、艾莎和斯特唱起歌来，大家一起享受着音乐，真快乐呀！

## 日落时分

日落之后你才能看到满天繁星。一年四季，太阳在不同的时间落下。在夏季，你可能要多等一会儿才能看到日落。而在冬季，通常日落得很早。越往两极，这种现象就越明显。

## 要带什么？

去观星的时候，你可能要带些装备。望远镜是必备的，它可以帮助你看到夜空中的物体。你还可以带一只罩着红色玻璃纸的手电筒。红色玻璃纸将除红光外的其他光过滤掉了，如此一来，你在黑暗中不仅能看清物体，还不会被强光损伤视力。另外，一定要穿得暖和一点！如果你想躺在地上，记得带上一块防潮的垫子。

## 睡上一觉！

虽然观星很有趣，但晚上睡个好觉也很重要。儿童每晚需要大约十个小时的睡眠。如果你因为观星熬夜了，那么隔天一定要睡个好觉。睡眠是很重要的，不信你问问克斯托夫！

# 再见，夜空中的朋友们！

在安娜、艾莎、雪宝、克斯托夫和斯特的帮助下，我们学到了很多关于夜空的知识！我们了解了什么是极光、恒星、行星、太阳、月球、彗星和流星，以及何时何地能观看迷人的夜空。

现在该你了！请
你运用从本书中学到
的知识去仰望夜空，和
家人、好友相约一场观星
之旅吧。相信这将会是一次
神奇的体验！

# 想一想

## 分享你学到的东西

1. 白天是怎么变成夜晚，夜晚又是如何变回白天的？

2. 雪宝在被艾莎创造出来的那天晚上看到了极光。你能描述一下它看到的景象吗？

3. 苔原是一个非常寒冷的地区。关于苔原地带的动物、植物和人，你了解多少？

4. 雪宝喜欢温暖的阳光。可以分享一下你了解到的关于太阳的五个小知识吗？

5. 月亮似乎会改变形状，但真是这样的吗？关于月相，你学到了什么？

6. 彗星和流星有什么区别？

7. 你最喜欢哪个天体？请说出喜欢它的三个理由。